SHANGHAI OUTSTANDING YOUNG

ARCHITECTS

2018 年上海市建筑学会成立六十五周年评选活动

上海市杰出中青年建筑师之十三 • 钱 平

上海市建築学会
The Architectural Society of Shanghai China

设计遵从体验 建筑体验设计

钱 平

QIan Ping

中国建筑工业出版社

评选专家委员会

主　任：

全国工程勘察设计大师 沈　迪

专　家：

中 国 工 程 院 院 士
全国工程勘察设计大师 魏敦山

全国工程勘察设计大师 时　匡

全国工程勘察设计大师 汪孝安

全国工程勘察设计大师 赵元超

全国工程勘察设计大师 丁洁民

丛书序 PREFACE

上海伴随着改革开放近四十年的城市建设发展日新月异，浦江两岸新老建筑相映成辉，历史的传承和时代的发展使上海更具有文化的内涵和城市的魅力。在这振奋人心的时代里，在一大批优秀建筑的背后是一群富有创作热情、具有世界眼光、勤勉努力的中青年建筑师。他们已经成为当下行业内的中流砥柱，他们继承着前辈的匠心，把握着时代的脉搏，他们有着新一代独到的理论见解和创作思想。

2018 年正值上海市建筑学会成立 65 周年，六十多年来，学会汇聚了大批建设领域的专家和精英，他们积极参与上海市及全国各地的建设，为城市化建设与发展做出了卓有成效的贡献。值此 65 周年之际，本会向全社会发起了“上海市杰出中青年建筑师”评选活动，旨在表彰一批在建筑设计领域取得突出成就和做出重要贡献的中青年建筑师们，以此鼓励上海市中青年建筑师奋发进取、锐意创新的精神。

“上海市杰出中青年建筑师”评选于 2018 年 7 月 26 日正式启动，共收到来自 53 家设计院所、高校的 150 余名中青年建筑师的竞选申请；此次评选经过社会网络投票，唤起了行业内外对城市建设和建筑师的关注。其中网络投票页面访问次数达到 870 万次，累计投票次数超过 220 万次。最终，由院士、大师组成的评审专家委员会于 11 月 7 日推选出了 20 名“上海市杰出中青年建筑师”。

“上海市杰出中青年建筑师”系列丛书的出版，既展示了上海中青年建筑师们的学术水准、创作业绩及个人风采，也鼓励其创新精神和社会责任感。促进其能够与国际接轨，提升其社会影响力，为中国建筑业增添绚丽的色彩。

上海市建筑学会理事长

序言 FOREWORD

我与钱平同志共事多年，他 1985 年从同济大学毕业，加入我所工作的上海市民用建筑设计院，他参加工作后的第一个设计项目就是我主持的埃及国际会议中心。其后与他在张扬路商业中心设计工作中合作，从而目睹他在不同的设计项目上的表现，让我感到钱平同志是一个对建筑设计抱有满腔热忱，具有敏锐的设计感觉，对设计的完成度有着孜孜不倦的追求的人，这也使其成为既有理想又务实肯干的建筑师。

钱平同志从事建筑设计工作三十余载，涉猎各类型建筑设计，获得了众多的奖项。从一个侧面见证改革开放 40 多年来，上海乃至中国的蓬勃发展。他的成长也代表这一批年轻建筑师的事业追求，同时我也为他们作为建筑师能生逢在这个时代而感到庆幸。

“一个建筑应该不断满足人民变化着的各种需求……。”钱平同志将自身对于生活的体悟融入建筑设计中，使其设计不仅在观感上有美好的体验，更拥有满足使用者不同需求的建筑生命力。

这次获评也是对他工作的认可，愿他在今后的工作中保持工作热诚，不断追求，再创佳作。

从专业资历上说，钱平先生是我的学长。他 1985 年从同济大学建筑系毕业至今，在长达 35 年的职业生涯中只服务过两个设计单位。CCDI 悉地国际有幸成为钱平先生建筑事业的第二个平台。当年，钱平先生主持设计的国家级重大科研项目“上海光源中心”，以及获得上海市优秀勘察设计一等奖的上海世纪广场，都在行业内获得广泛的赞誉，让我们看到成熟的建筑师面对大型项目所秉承的职业素养和专业精神。2011 年，钱平先生加盟悉地国际，对公司专业能力的提升和人才的储备来说都是一件大事。

加入悉地国际之后，钱平先生领导设计团队并参与集团业务管理，投身多个重大项目，在交通建筑、主题乐园、商业综合体等方面积极开拓，不仅在专业技术范畴，更是在产品业务管理领域达到新的高度。先后完成哈尔滨万达主题乐园、成渝客运专线系列车站等多个重要项目。他还代表公司参与《汽车库建筑设计规范》国标修编、上海市《公共建筑绿色设计标准》等重要规范与标准的制定工作。

钱平先生担任公司上海区域总建筑师，既是实至名归，也意味着他将肩负公司未来发展的专业重任。今年是钱平先生加入悉地国际的第九个年头，他的职业生涯依然令人充满期待。

再次祝贺钱平先生获得的荣誉，以及这本专册的顺利出版。

目录 CONTENTS

建筑的评判是使用者的体会、观者之感受。对于同样的建筑，不同的人，因其不同的人生、不同的心境，就会有不同的体会感受。让建筑拥有灵魂，建筑师须将自身的体悟融入其中，由此建筑师的人生也更为多彩与不同。

主要从业经历

Main Experiences

照片来源：MOMO

钱平先生，中国建筑设计行业颇具影响力的资深建筑师。

教授级高级建筑师，国家一级注册建筑师、中国建筑学会资深会员、APEC 建筑师、香港建筑学会会员、中国建筑学会高委会理事、上海市建委科学技术委员会委员。

1985 年钱平毕业于同济大学建筑系，先后就职于上海建筑设计研究院有限公司和 CCDI 悉地国际（原名：中建国际（深圳）设计顾问有限公司），历任副主任建筑师、主任建筑师、所总建筑师、副所长、所长、院副总建筑师、总建筑师、设计副总裁。

从业 30 余年之间，钱平秉承“设计遵从体验，建筑体验设计”的设计理念，涉猎各类型建筑设计，且各有建树，曾经主持设计上海张杨路商业中心、上海世纪广场（世纪大道第五第六标段）、中国东方航空浦东国际机场 K-3 与 K-8 地块、中国东方航空浦东国际机场食品公司、中国东方航空虹桥机场扩建工程、上海虹桥科技产业 1 号楼 2 号楼、上海光源工程、高铁温州南站、上海质子重离子医院、上海迪斯尼乐园—明日世界园区等多项重大工程。其设计作品屡获国家级、省市级建筑奖项与科技进步奖。

自 1985 年同济大学建筑系毕业之后，钱平任职于上海建筑设计研究院有限公司。

1985 年至 1988 年期间，钱平参加埃及国际会议中心、新疆路高层（住宅）、国家气象局太湖疗养院等项目的设计工作。1989 年，钱平第一次担任设计总负责人，在上海虹桥敬老院项目中，通过近一个月驻现场精心设计，借鉴中国私家园林的空间理念及当地民居的建筑风格、建筑材料，呈现出不但符合当地老人的心理需求而且满足功能需求的极具中国传统文化理念的设计方案，获得了业主的好评。

与此同时，钱平首次完成与外方设计事务所合作设计项目，在与 P&T 合作设计的上海国际高尔夫乡村俱乐部项目任副设总。

1989 年～ 1992 年期间，钱平主要负责上海市张杨路商业中心的详细规划方案设计与实施，这是上海市浦东新区的市级配套商业中心。该项目是开发浦东的首个大型商业项目，占地达 12.6 hm^2，地上建筑面积规划达 80 万 m^2，方案直接向当时的上海市市长朱镕基汇报并获肯定。

此次设计方案采用当时国际上普遍的购物中心的大商业模式，在中部设立购物步行内街，将购物人流导入，外围设大型商业。钱平除负责总体把控外，还承担片区内动力中心、地下设备管廊、高架连廊、公交设施等总体设施的统一设计及实施。

与此同时，钱平还承担了中石化商厦、上海服饰中心、上海远东大厦等建筑项目的设计总负责人工作。除上海远东大厦是与加拿大 PPA 建筑事务所的合作设计项目外均为原创。

20 世纪 90 年代后期，钱平负责水利调度大楼、水利部南戴河培训中心、金辉广场、泰琪峰（住宅 + 办公商业）等项目的方案设计工作，其中金辉广场是其赴美工作与美国 LOHAN 设计事务所联合设计投标并中标的超高层办公项目。水利调度大楼还获时任中国水利部部长的高度认同。

继水利调度大楼后，1999 年～ 2002 年期间，钱平主持设计扬州电力调度大楼、西安银河大厦（陕西省电力调度大楼），均获上海市优秀勘察设计三等奖，扬州电力调度大楼工程还获鲁班奖。

上海世纪广场（世纪大道第五第六标段）　照片来源：SFAP

1999年，钱平主持设计中国东方航空浦东国际机场K-3、K-8地块，这是作为上海市浦东国际机场通航所必备的航空公司地面保障设施。该项目作为上海市浦东国际机场建设的重要组成项目，是上海市重大工程。为了保证上海市浦东国际机场如期通航，从设计到完工，前后仅用一年时间。在设计中，钱平率设计组入驻东航现场与各使用部门交流，详细了解和分析其功能需求，重新整合项目设计任务书，调整功能布局，重组使用业态，提出符合当今航空服务要求的设计方案，获得业主高度认可和信任，成为新时期航空配套建设的新标杆。

随着几年后全国机场建设高潮的到来，钱平又主持设计了东航食品公司虹桥机场1号楼改建及2号楼、3号楼大修，江苏东航食品公司，前者使虹桥机场的食品公司生产条件焕然一新，后者为南京禄口机场的按时通航提供了保证，并获上海市优秀勘察设计三等奖。其后又参与虹桥机场2号航站楼建设的配套项目：东航虹桥机场扩建工程－特种车辆维修厂（改为食品配送楼）、生产保障用房及车库等辅助设施。

1998年～1999年期间，钱平作为项目总负责人，主持上海世纪广场（上海世纪大道第五、第六标段）的设计工作。

上海世纪广场作为上海市浦东新区行政中心的中央广场，在城市空间上是世纪大道与世纪公园视线轴的空间延伸段，是集广场、道路、交通枢纽、市政配套建筑和商业为一体的综合城市空间。

总体设计上由于该项目地理位置特殊，周边均为上海市浦东新区的重要建筑，从城市空间的要求出发，解决好“景观”与“观景”的关系。故总体构思上力求打破以往城市集合广场一片花岗石硬地的做法，以步行休闲绿化水池为主，力图形成一条从世纪大道向世纪公园的绿色纽带。在建筑顶部设休息平台和斜坡绿化，甚至种植大树，使建筑及广场“大隐于市”。

成为当时城市广场设计的经典，获得上海勘察设计一等奖、建设部优秀勘察设计三等奖，工程还获国家金奖。

与此同期，钱平还主持设计一系列产业及办公项目：上海863软件孵化园的主要建筑、温州市龙湾区行政管理中心、上海国际汽车城大厦、上海快克医药研发中心和上海虹桥科技产业楼1号楼、2号楼。其中温州市龙湾区行政管理中心获上海市优秀勘察设计三等奖。

温州龙湾区政府　照片来源：SIADR

上海国际汽车城大厦位于上海市嘉定区安亭镇，大厦遥对沪宁高速公路入口，是上海国际汽车城的第一栋高层办公楼，是国际汽车城的标志性建筑，还是进出上海的重要门户建筑。上海国际汽车城大厦获上海优秀勘察设计二等奖，并获2009年度建设部优秀勘察设计二等奖。

上海虹桥科技产业楼1号楼、2号楼位于上海长宁区临空园区6号地块内。在原总体布局方案已确定的基础之上，经业主委托对其中的1号楼、2号楼分别进行单体重新的系统设计，并在6号地块总建筑面积及总体布局不变的情况下，针对总体设计提出绿色节能控制技术措施，以此达到部级绿色建筑示范工程的要求。

产业楼项目为科技部与住建部的“可再生能源示范工程”以及住建部的“双百工程”（绿色建筑示范工程）。力图通过成熟的、实在的绿色技术措施的有效集成而不是仅仅追求炫目的形式和新技术来实现绿色技术的

上海虹桥科技产业楼　　照片来源：SIADR

达标和示范。

上海虹桥科技产业楼 1 号楼、2 号楼为住建部（科技部）可再生能源示范建筑 、住建部双百工程（绿色建筑示范工程）二星绿色建筑，并获上海市优秀勘察设计二等奖。

2004 年～ 2005 年期间，钱平主持设计国家级重大科研项目——上海光源工程。

上海光源工程项目位于上海市浦东新区张江高科技园区的西南角，东西长 615m，南北宽 333m。上海光源投入运行后，是当今世界上最先进的第三代同步辐射光源之一，它成为 21 世纪我国乃至世界的多学科前沿研究中心和高新技术的开发应用研究基地。

上海光源是中国科学院有史以来最大的单项科研投入，也是各项科研工作的研究平台。工程建设得到了国家领导及中国科学界的极大关注，时任中科院院长路甬祥、副院长江绵恒，上海市领导韩正、杨雄等担任光源工程指挥部领导。中科院众多院士及各高校著名教授都成为光源工程专家组成员。

上海光源　　照片来源：SFAP

光源工程独有的技术要求和极高的完成精度，超越正常建筑设计规范及一般设计理念，钱平率领设计组充分考察国内已有的相关的一代、二代光源项目，走出国门远赴亚欧各地学习研究国外已有的先进三代光源项目的经验教训，从中找出适合我国国情及上海地理条件的技术路径，并率领项目组入驻嘉定中科院物理所与光源工艺设计的科学家协同工作，与工艺设计互动力求找到最佳的解决方案。

上海光源项目的特殊工艺要求，给建筑设计工作带来前所未遇的难度挑战。项目建成后获上海市优秀勘察设计一等奖、部优一等奖、中国建筑学会一等奖、上海市科技进步特等奖、国家科技进步奖一等奖、中国建筑学会1949-2009（60年）建筑设计优秀奖、上海市勘察设计行业纪念改革开放40周年突出贡献奖之杰出工程勘察设计项目（建筑类）。

随着光源工程的顺利完成，钱平又主持设计了中科院上海天文台佘山科技园（65m直径射电望远镜）、中科院宁波材料所二期、汽车城研发港等一系列科研建筑设计项目。其中上海天文台佘山科技园是嫦娥奔月项目的重要配套工程。

2007年钱平主持设计上海质子重离子医院项目。质子重离子医院是国际上新型的质子、重离子治疗方式的医院，项目位于上海国际医学园区，一期建设计划包括质子重离子放疗，配套的门诊、医技、病房、行政、科研及后勤等部分，总建筑面积约64209m^2。该项目引进德国西门子具有世界领先水平的质子、重离子治疗设备，在诊断治疗和新技术应用上，将大大提升中国肿瘤医学的国际竞争力，并填补国内相关领域的空白。通过广泛调研世界各地质子、重离子治疗设施后，在质子、重离子治疗区设计中，遵从工艺要求，吸取国外医疗建筑人性化、亲民的特点，创造出一个高技、安宁和舒适的诊疗空间。该项目所获奖项包括：2013年度上海市优秀工程设计一等奖、2013年第五届上海市建筑学会建筑创作奖佳作奖、2013年全国优秀工程勘察设计行业奖建筑工程一等奖、2013年优秀工程勘察设计奖建筑工程公建一等奖、上海市勘察设计行业纪念改革开放40周年突出贡献奖之杰出工程勘察设计项目（建筑类）。

2006年，随着中国高铁建设的蓬勃发展，钱平主持设计了高铁甬台温线－温州南站；汉孝线－后湖站、金银潭站、天河街站、闵

上海质子重离子医院　照片来源：SIADR

集站；西宝线 - 杨凌站、岐山站、宝鸡站等一系列高铁铁路站的设计项目。

温州南站位于温州市瓯海区西侧，是甬台温铁路线重要客运站。站房采用较为少见的线侧式，上下联建的地级市站房，站房规模为 40000m^2，地下枢纽 40000m^2，上进下出，以室外高架车道疏导车流，以半地下架空交通转换厅组织人流，保证流线的单一和顺畅。其集约化的便捷换乘功能，建成后获得当地领导和市民的极大好评。

温州南站项目也得到了铁道部领导的高度赞许，并多次组织业内设计施工建设方参观交流，成为新时代精细化站房设计的典型代表。项目获上海市优秀勘察设计一等奖。

2011 年钱平任职 CCDI 中建国际（后更名：悉地国际设计顾问有限公司）设计副总裁，主持完成成渝线 - 成都至重庆客运专线简阳南、资阳北、资中北、内江北、隆昌北、荣

温州南站　照片来源：SIADR

哈尔滨万达主题乐园　照片来源：CCDI

七宝宝龙城市广场　照片来源：CCDI

上海桃浦智慧城　照片来源：CCDI

昌北、大足南、永川东建筑设计；兰新线-新疆段吐鲁番北站、鄯善北站，并主管高铁芜湖火车站建筑设计，梧州火车站建筑设计，成绵乐城际铁路天下名山站站前广场及综合交通枢纽建筑设计。

钱平还在CCDI参与上海迪斯尼乐园-明日世界园区、哈尔滨万达主题乐园等主题产品的设计技术把控；分管公司商业综合体业务时又参与七宝宝龙综合体、桃浦智慧城605地块；主持设计绿地中心知识城项目，佛山彩管厂A2、A3、A4地块项目，绿地空港城项目，绿地阳江高铁站站前商务区，绿地广清项目等。

在出色的建筑设计工作的同时，钱平结合工程项目实践在专业报刊发表文章数十篇。他还主持了光源工程建设有关的科研项目和上海市建委的“光电幕墙”科研项目等大量科研工作，并且积极参与国家及地方的建设标准及设计规范的编制工作。如《汽车库建筑设计规范》、《汽车库、修车库、停车场设计消防规范》等。

主要建筑作品

Selected Works

上海世纪广场（世纪大道第五、第六标段）

Century Square（Fifth sixth of Century Avenue）

项目地点：上海市浦东花木行政文化中心世纪大道杨高路至锦绣路

设计单位：华建集团上海建筑设计研究院有限公司

占地面积：128000m^2

总建筑面积：地面约 10000m^2

设计时间：1998 年

建成时间：2000 年

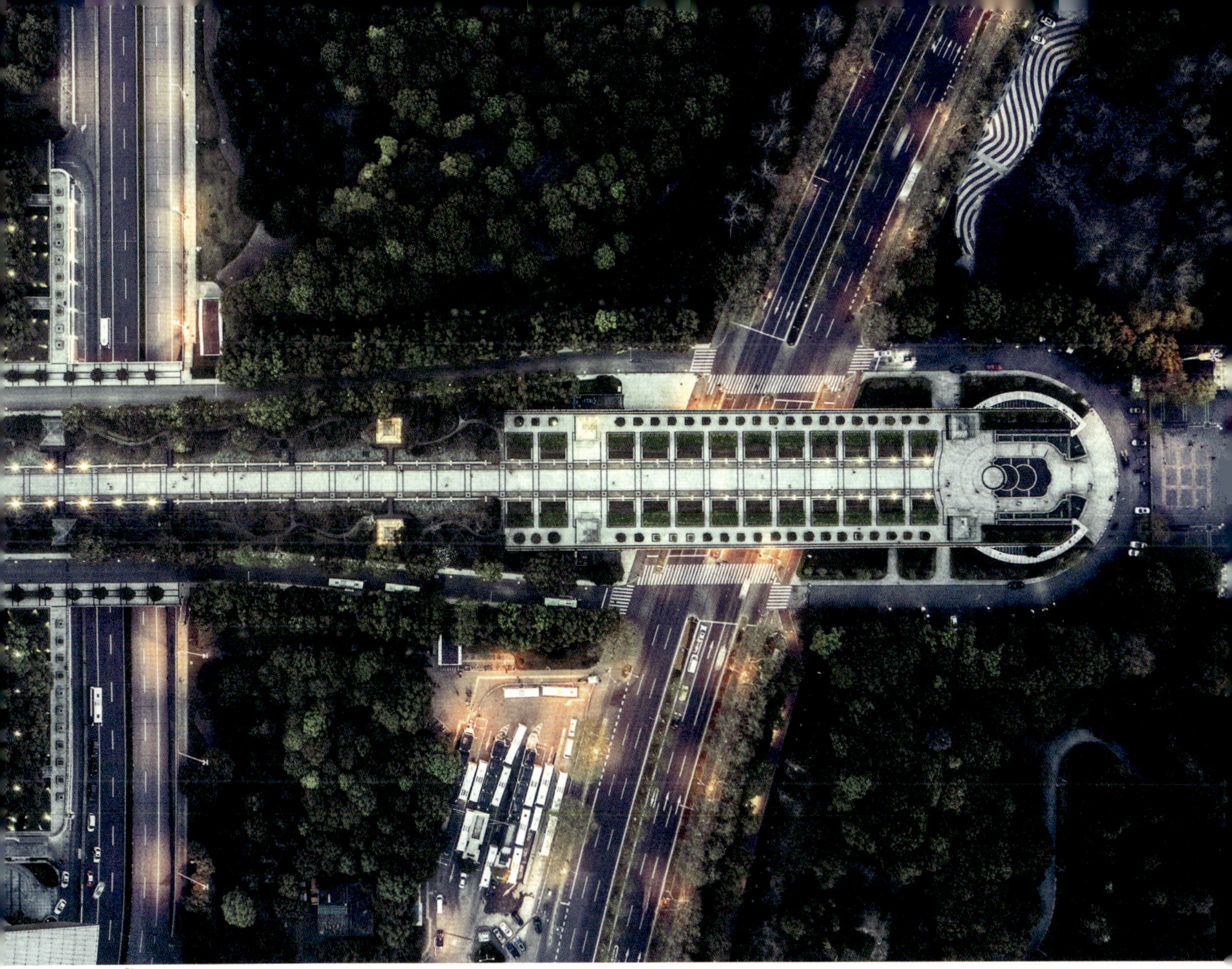

照片来源：SFAP

照片来源：SFAP

照片来源：SFAP

上海世纪广场位于上海市浦东新区政府南侧，科技城以北，自杨高路到锦绣路东，总宽 230m，长约 710m，由东西两端的标准段和正对新区政府的地铁出口广场段组成。在城市空间上是世纪大道与世纪公园视线轴的空间延伸段，是作为城市综合广场的城市公共活动空间。

上海世纪广场的设计在总体构思上力求打破以往城市集合广场一片花岗石硬地的做法，以步行休闲绿化水池为主，力图形成一条从世纪大道向世纪公园的绿色纽带。在建筑顶部设休息平台和斜坡绿化，甚至种植大树，使建筑“大隐于市”。使人们均可行走、休憩于建筑物的“屋顶”而浑然不知建筑物在何处。除广场围廊，因掩蔽机房和卫生间的需要，采用混凝土建筑形式，其他交通亭、交通廊等外露部分均采用透明玻璃外包钢结构，尽量使建筑“隐身”。

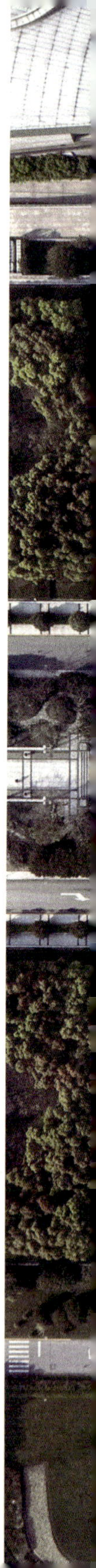

照片来源：SPAP

照片来源：SFAP

照片来源：中科院 胡蔚成

上海光源
Shanghai Synchrotron Radiation facility

项目地点：上海市张衡路 239 号
设计单位：华建集团上海建筑设计研究院有限公司
占地面积：200000m^2
总建筑面积：一期 50648m^2
设计时间：2004 年
建成时间：2007 年

上海光源工程项目位于上海市浦东新区张江高科技园区的西南角，东西长615m，南北宽333m，总用地面积约200000m^2。上海光源投入运行后，是当今世界上最先进的第三代同步辐射光源之一。

上海光源项目的同步辐射装置有效运行的关键是光束线的稳定，要满足工艺上的要求，对建筑设计带来的是基础的稳定性要求和温度的稳定性要求、电流的稳定性要求以及同步辐射所产生的辐射防护对混凝土隧道墙裂缝控制要求、和由此引出的特殊消防要求设计方案、新型特殊屋面幕墙体系等。

为了彰显上海市乃至中国进入科技创新的新阶段，光源工程选择较新的鹦鹉螺不规则双曲面外型，其屋面构造及面板的加工工艺和材质的选择也成为项目完成的瓶颈。由建筑师直接主导幕墙设计公司和面板加工厂商的选择、设计、研发加工等，独创性地完成了项目设计工作。

照片来源：SIADR

照片来源：中科院 胡蔚成

照片来源：SFAP

照片来源—SFAP

温州南站

Wenzhou New Railway Station, YongTaiWen Railway

项目地点：浙江省温州市瓯海区
设计单位：华建集团上海建筑设计研究院有限公司
总建筑面积：125350m^2
设计时间：2007 年
建成时间：2009 年

照片来源：SIADR

照片来源：SIADR

照片来源：SIADR

温州南站是南台温铁路线重要客运站。站房为 40000m²，地下枢纽 40000m²（广场地下建筑另计）。是较为少见的线侧式与地下换乘上下连建的地级市站房。采取线侧式布局，上进下出，以室外高架车道疏导车流，以半地下架空交通转换厅组织人流，保证流线的单一和顺畅。

设计构思取自于“长亭送别”，体现了温州众多游子的心态，从温州传统民居的重檐叠瓦中吸取灵感，结合廊桥、亭等建筑特色，从大尺度、大体量的角度着眼，以传统的手法重新演绎现代大规模交通建筑。在传统中创新，以新的建筑形象带动整个区域的建筑风格的创新和变化。

照片来源：SIADR

照片来源：SIADR

照片来源：钱平

上海国际汽车城大厦

Shanghai International Automobile City Building

项目地点：上海市嘉定区安亭墨玉路东侧
设计单位：华建集团上海建筑设计研究院有限公司
总建筑面积：32125m^2
设计时间：2003 年
建成时间：2015 年

上海国际汽车城大厦位于上海市嘉定区安亭镇，大厦南向遥对沪宁高速公路入口，是国际汽车城的标志性建筑，还是进出上海的重要门户建筑。

主楼设计以八边形平面为基础进行变化，各个功能空间与立面形体结合紧密，满足不同视角的观赏需求。

照片来源：钱平

照片来源：SIADR

上海虹桥科技产业楼（1号楼、2号楼）

Shanghai Hongqiao Scientific & Technological Industry Building #1#2

项目地点：上海市长宁区临空园区 6 号地块内，临虹路协和路
设计单位：华建集团上海建筑设计研究院有限公司
占地面积：41005.08m^2
总建筑面积：26700m^2
设计时间：2007 年
建成时间：2010 年

照片来源：SIADR

上海虹桥科技产业楼1号楼、2号楼位于上海市长宁区临空园区6号地块内。6号地块总用地面积41005.08m^2。

1号楼设计内容主要是在已有设计方案的基础上在立面设计、围护结构以及设备系统等诸方面按绿建要求加以改进。2号楼设计内容则在原有总平面落位的基础上，对建筑的体型、朝向、平面布局、立面设计等进行全方位的重新设计。二者地下室栈连围绕2号楼新增设的地下绿化广场及自身原有天井及新设的建筑内部拔风井组成具有自然采光、自然通风的绿色地下空间系统。

本项目为科技部、住建部的“可再生能源示范工程”以及住建部的“双百工程”（绿

照片来源：SIADR

色建筑示范工程）。采用的绿色建筑措施主要有：光电幕墙、多样化遮阳、多样化绿化、通风中庭、中空夹心节能幕墙、雨水回收利用、地源热泵与温湿度独立控制空调集成系统、智能化电网管理系统、太阳能光伏发电系统、光导管自然采光系统、智能照明系统、智能集中控制疏散指示系统、智能建筑集成管理系统（IBMS）等。利用可再生能源技术的同时，结合建筑体形、建筑朝向、内部空间组织的优化，新型节能幕墙的研发，以及智能化协同控制等绿色节能技术，通过技术集成，使建筑节能率有效地提高至 65% 以上。并结合本项目的实践完成上海市的科研项目——光电幕墙。

照片来源：SIADR

照片来源：SIADR

照片来源：SIADR

照片来源：SIADR

照片来源：SIADR

照片来源：SIADR

照片来源：CCDI

七宝宝龙城市广场

Shanghai Baolong Commercial Center

项目地点：上海市闵行区七宝镇
设计单位：CCDI 悉地国际 / JERDE
开发单位：上海宝龙房地产开发有限公司
用地面积：83000m^2
建筑面积：400000m^2
设计时间：2013 年
建成时间：2015 年

七宝宝龙城市广场位于七宝老街对面，是汇集工作、购物、休闲多种功能于一体的综合性场所。南北向主街划分基地为东西两块用地。宝龙集团总部大楼布置在东侧地块，毗邻大型生态公园七宝文化公园，依托环境优势，采用开放空间布局形式并将绿色引入项目。

照片来源：CCDI

代表项目一览表

Representative Works

1988 年 虹桥乡敬老院

1989 年 上海乡村俱乐部建筑群

1989 年 张杨路中心（新上海商城）详细规划及方案

1993 年 石化商厦（现为上海银行浦东分行）

1994 年 上海服饰中心

1995 年 上海远东大厦

1995 年 东秋国贸大厦

1996 年 平和国际实验学校

1997 年 金辉广场

1998 年 东航浦东国际机场 K-3、K-8 地块

1998 年 东航浦东国际机场食品公司

1998 年 99 昆明世界园艺博览会·上海花园

1998 年 世纪大道第五第六标段（世纪广场）

1999 年 扬州电力调度大楼

1999 年 联洋居住区 E 地块 学校

1999 年 联洋居住区 E 地块 商娱楼

2000 年 宝山白玉兰花园

2001 年 西安银河大厦

2002 年 江苏东航食品公司

2002 年 东航食品公司 1 号楼改建、2 号楼、3 号楼大修

2003 年 温州市龙湾行政管理中心

2003 年 上海国际汽车城大厦

2003 年 中国海洋大学总体规划

2004 年 上海光源

2004 年 上海国际商务花园 7 号地块北块上海快克医药研发中心

2006 年 俄罗斯波罗的海明珠 39-1

2007 年 上海虹桥科技产业楼 1 号楼、2 号楼

2006 年 温州火车南站

2007 年 上海市质子重离子医院

2009 年 东航虹桥机场扩建工程 - 特种车辆维修厂（临时食品配送楼）

2009 年 东航虹桥机场扩建工程 - 生产保障用房及车库等辅助设施

2009 年 中科院上海天文台佘山科技园

2009 年 中科院宁波材料所

2010 年 汉孝线（后湖站、金银潭站、天河街站、闵集站）

2010 年 西宝线（杨凌站、岐山站、宝鸡站）

2011 年 上海国际汽车城科技研发港

2012 年 成渝客运专线（简阳南站、资阳北站、资中北站、内江北站、隆昌北站、荣昌北站、大足南站、永川东站）

2012 年 兰新二线（吐鲁番站、鄯善站）

2012 年 上海迪斯尼乐园——明日世界园区

2012 年 永川枢纽

2012 年 哈尔滨万达主题乐园

2013 年 上海七宝宝龙综合体

2016 年 桃浦智慧城 605 地块

2018 年 绿地阳江高铁站前商务区

获奖经历及学术成果

Awards and Academic Achievements

主要获奖经历
Main Award-winning Experience

国家科技进步奖
上海光源 一等奖

上海市科技进步奖
上海光源 特等奖

中国建筑学会建筑设计奖
上海光源 一等奖

全国优秀勘察设计奖
世纪大道第五第六标段 三等奖
上海国际汽车城大厦 二等奖
上海光源 二等奖

上海市优秀勘察设计奖
世纪大道第五第六标段 一等奖
上海光源 一等奖
温州火车南站 一等奖
上海国际汽车城大厦 二等奖
上海虹桥科技产业楼 1 号楼、2 号楼 二等奖
扬州电力调度大楼 三等奖
联洋居住区 E 地块 三等奖
江苏东航食品公司 三等奖
西安银河大厦 三等奖
温州市龙湾行政管理中心 三等奖

主要学术成果

Main Academic Achievements

书籍主编

《色·材 中国建筑色·材趋势报告》

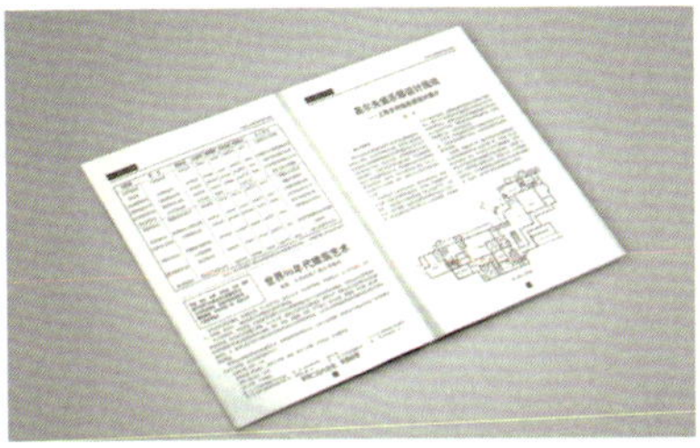

文章发表

《上海体育建筑》

- 上海国际高尔夫乡村俱乐部设计

《建筑设计通迅》

- 上海虹桥乡敬老院
- 福使达大厦

《现代设计集团丛书》

- 世纪广场——世纪大道第五、第六标段
- 航空食品配餐建筑设计浅论

《时代建筑》

- 教学方式和设计理念的变革——上海平和国际实验学校设计实践
- 99 昆明世界园艺博览会·上海花园
- 高尔大俱乐部设计浅谈——上海乡村俱乐部设计简介
- 兼容并蓄、皆为吾用——虹桥乡敬老院

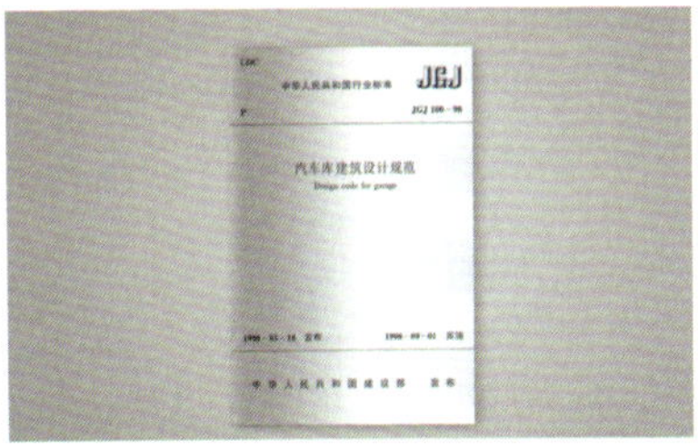

规范修编

《汽车库建筑设计规范》（JGJ100-1998）

《汽车库修车库停车场设计消防规范》

国标（GB50067-2014）

《公共建筑绿色设计标准》

（DG TJ08-2143-2014）

《建筑无障碍设计标准》（DGJ08-103-2003）

后记 POSTSCRIPT

2018 年 12 月，上海市建筑学会为“上海市杰出中青年建筑师”评选成立了编写工作组，正式启动了本书的编写工作。

本系列丛书由 20 位“上海市杰出中青年建筑师”提供相关素材，对自身的主要从业经历、建筑作品、获奖经历及学术成果等方面作了多样的展示与阐述。由于篇幅有限，不足以充分反映 20 位杰出中青年建筑师的创作思想和优秀作品，只概括地阐述了具有代表性的内容。

“上海市杰出中青年建筑师”评选活动的圆满举办得益于学会理事会、学术委员会、各会员单位、设计院所、高校以及社会各界的大力支持，在此向所有提供支持与帮助的单位和个人表示衷心的感谢。

在编写过程中我们还得到了许多著名建筑师的支持，他们亲自为各位中青年建筑师写序，意在鼓励和培养青年一代的成长，在此向他们表示感谢。同时，特别要感谢评选委员会的专家沈迪、魏敦山、时匡、汪孝安、赵元超、丁洁民，他们以科学严谨的工作态度圆满地完成了本次评选工作。

最后要感谢编委会、学会秘书处以及参与本次编写工作的所有工作人员，感谢你们的辛勤付出。

上海市建筑学会将秉持“坚守科技报国初衷，不辱时代发展使命”的理念，聚行业合力，共谱城市建设华章；携手市民大众共铸辉煌！

上海市建筑学会

上海市杰出中青年建筑师系列丛书

《上海市杰出中青年建筑师》系列丛书

按姓氏拼音排序

《上海市杰出中青年建筑师之一——薄宏涛》

《上海市杰出中青年建筑师之二——陈国亮》

《上海市杰出中青年建筑师之三——陈剑秋》

《上海市杰出中青年建筑师之四——陈　雷》

《上海市杰出中青年建筑师之五——崔中芳》

《上海市杰出中青年建筑师之六——郭建祥》

《上海市杰出中青年建筑师之七——胡世勇》

《上海市杰出中青年建筑师之八——李麟学》

《上海市杰出中青年建筑师之九——李　瑶》

《上海市杰出中青年建筑师之十——李振宇》

《上海市杰出中青年建筑师十一——刘宇扬》

《上海市杰出中青年建筑师十二——柳亦春》

《上海市杰出中青年建筑师十三——钱　平》

《上海市杰出中青年建筑师十四——任力之》

《上海市杰出中青年建筑师十五——戎武杰》

《上海市杰出中青年建筑师十六——宋照青》

《上海市杰出中青年建筑师十七——王文胜》

《上海市杰出中青年建筑师十八——张俊杰》

《上海市杰出中青年建筑师十九——章　明》

《上海市杰出中青年建筑师二十——曾　群》